U0063895

動植物未解之謎

植物大戰殭屍2
未解之謎漫畫

笑江南 編繪

中華教育

向日葵

紅針花

菜問

強酸檸檬

火炬樹樁

豌豆射手

纏繞水草

高堅果

棱鏡草

堅果

殭屍博士

海盜船長殭屍

海盜殭屍

騎牛小鬼殭屍

探險家殭屍

木乃伊殭屍

武僧小鬼殭屍

導　讀

　　從茹毛飲血的蠻荒時代起，古人就開始嘗試着去辨別大自然中哪些動植物對人類有益，哪些對人類有害。隨後，人類通過觀察動植物的形態特徵、用途、生活習性，對其進行系統地分類，並冠以美名。人類之所以孜孜不倦地探索動植物的奧祕，是因為我們清楚地知道，動植物是我們最重要的生活資料來源、最親密的伙伴和最危險的敵人，對其認識程度的深淺，直接決定了我們對所處環境的認識是否深刻。

　　目前全世界的動物大約有150萬種，植物有30多萬種，但我們完全了解的物種只佔總數的十之二三，認識非常有限，面對深邃的大自然我們有許多困惑。儘管隨着科學技術的發展，我們的觀測方式已由過去的肉眼辨識上升到全新的儀器檢驗方式；視野也更加靈活多變——大到宇宙天體、黑洞蒼穹，小到分子微粒、DNA片段、蛋白膜、神經元，然而當我們自認為距離生命世界的真相只有一步之遙時，又可能在深度探索的過程中發現新的未解之謎，如此循環往復，使我們總是徘徊在已知與未知之間……不過，恐怕只有如此，才不枉費人類強大的想像力和創造力，也讓世界始終保有熠熠生輝的光彩。

　　本書向小朋友展示了部分目前仍然困擾着人類認知的動植物未解之謎，這些謎團涉及動植物的演化、形態、生理、遺傳等，譬如中生代陸地上的霸主為何集體消亡了？鯨的祖先為何離開陸地回到海洋中生活？長頸鹿的脖子為甚麼長這麼長？為甚麼雄海馬可以當媽媽？植物為甚麼會有「午睡」現象？花最早是怎麼來到世界上的？……相信這本書能成為小讀者走入動植物世界的引路人，他們窺探過動植物的神奇，會對身邊的動植物多一份留意和關注，對精彩的生命世界進行更深入地思考。

北京自然博物館研究員　張玉光

CONTENTS
目　錄

CONTENTS

目 錄

目 錄

恐龍是冷血動物還是溫血動物？

復活恐龍的計劃馬上就要成功了！

愚蠢的殭屍們，竟敢瞧不起我！我要讓你們全都後悔！

有了這隻恐龍，就能說服大家為我的計劃提供資金了！

殭屍博士,您快點來呀!斗篷殭屍要復活恐龍了!

放心吧,以他的智商根本不可能成功。

斗篷殭屍,快住手!

你們來得正好!讓你們見識見識我偉大的恐龍復活計劃!

我已經讓昔日稱霸地球的冷血動物復活了!

恐龍來了!

這根本不是恐龍,是科莫多巨蜥,牠是一種強壯的冷血動物。

沒錯!牠的確是科莫多巨蜥,恐龍和牠都是冷血動物,我研究透牠就離復活恐龍不遠了。

恐龍體長能達到 30 多米,體重可達到 100 噸,冷血動物的新陳代謝速率慢,根本無法承受如此龐大的身體。

這是說恐龍是溫血動物?

你最好拿出證據來,不要在這裏信口開河!

不止你一個人在研究恐龍,這麼多年我也一直在致力於讓恐龍復活!

嗶

這就是我復活的第一隻「恐龍」,大家看到牠以後,紛紛為我的計劃提供了資金。

這不就是一隻鴕鳥嗎?

科莫多巨蜥,快把那隻搶走我科研經費的鴕鳥消滅掉!

恐龍很可能是現代鳥類的祖先,所以牠們應該跟鳥類一樣是溫血動物。

嗒 嗒 嗒 嗒

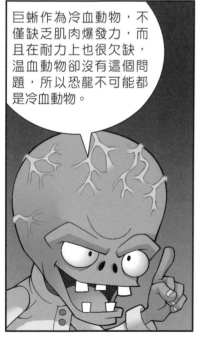

巨蜥作為冷血動物,不僅缺乏肌肉爆發力,而且在耐力上也很欠缺,溫血動物卻沒有這個問題,所以恐龍不可能都是冷血動物。

博士,你的鴕鳥跑了!

說了那麼多,最後還不是我的巨蜥贏了!

鴕鳥,你不要跑!

斗篷殭屍,你到底要用這隻科莫多巨蜥幹嗎呀?

我跟一個動物園的老板說好了，只要我讓復活的恐龍表演節目，他就會提供復活真正恐龍所需要的全部資金！

我還得向動物園老板證明，我絕對有能力馴服恐龍！

你要怎麼證明啊？

現在牠得快點學會頂這個球，這樣我就能有充足的經費了！

你要訓練科莫多巨蜥表演節目？

救命啊！

你和殭屍博士能不能研究點靠譜的東西呀？

嗒

嗒

嗒

嗒

看來要想賺足科研經費，還得我親自出馬！

除了到動物園表演，報紙上還有很多招聘信息呢。

最初，科學家認為恐龍是一類行動遲緩的冷血動物，但愈來愈多證據表明，恐龍具有溫血動物的習性，比如牠們的行動比我們想像的要敏捷得多，而且能夠持續奔跑，一些種羣還有撫育幼齡的行為。古生物學家猜測，恐龍的生長速率和新陳代謝效率可能介於現代冷血動物和溫血動物之間。

恐龍是怎麼學會飛行的？

堅果，我們一起去玩吧！

不了，我正在家裏學習恐龍是如何飛行的呢。

甚麼？

恐龍是如何學會飛行的雖然還是個謎，但是人們已經了解到，恐龍從稱霸陸地到飛向藍天經歷了這四種改變！

你的意思是說只要你也經歷這四種改變，就能跟恐龍一樣飛上天空？

飛天計劃
減輕體重
長出飛羽
前肢翼化
尾巴變短

8

沒錯，我現在正在進行第一項任務——減肥！

有你這麼減肥的嗎？

不用着急，恐龍用了5000多萬年才減肥成功，我肯定比牠們用的時間短！

我看你最好邊打掃屋子邊減肥，不然你哥哥回來肯定會罵你的。

我也想快點學會飛翔，但是沒人幫我。

我看你就是懶得動吧！

既然這樣，就讓我來幫你實現飛天夢想吧！

真的嗎？你有甚麼好辦法？

野雞也能飛一段距離，先用這雞毛掃應付一下吧。

這能行嗎？

減肥是沒希望了，我們還是先來尋找適合飛行的羽毛吧。

飛天計劃

減輕體重　飛羽

書上說恐龍最初的羽毛結構非常簡單，還不具備飛行的功能，過了很長的時間才逐漸演化出跟現代鳥類幾乎一樣的飛羽和尾羽。

當然沒問題，真正重要的是恐龍骨骼的演化，許多精細之處人類至今還沒有研究明白呢。

飛天計劃
長出飛羽
前肢翼化
尾巴變短

對呀，這本書上也沒寫。

不如我們先將這個晾衣架改造成滑翔翼來滑翔吧！

好主意，飛行的樹棲起源說認為，恐龍最初有可能是從高處向下滑翔學會飛行的！

最後是尾巴，起初恐龍的尾椎多達 20 節以上，經過長時間的演化才長出適合飛行的短尾。

飛天計劃
長出飛羽
前肢翼化
尾巴變短

用這個小掃把來做尾巴吧！

哈哈！仿真滑翔翼終於完成了！

太棒了！

可是屋子現在更亂了，哥哥回來一定會打我的。

先別管你哥哥了，我們趕快試飛吧！

那我們現在就開始吧！

稍等，恐龍學會飛行還有另外一種假說。

陸地奔跑起源說認為恐龍是通過在地上快速奔跑助力，並且拍打翅膀學會飛翔的。

你真是博學呀，連這個都知道！

既然這樣，那就由你來試驗陸地奔跑起源說吧。

我準備起飛了!

我不要!我也要玩滑翔翼!

累死了,以後再也不想去菜市場買菜了。

不會吧?我哥哥回來了!

堅果!

啊!

快起飛呀!

有研究表明，現生鳥類是由獸腳類恐龍演化而來的，那麼恐龍是如何學會飛行的呢？目前主要有兩種假説：樹棲起源説和陸地奔跑起源説，無論哪種假説，片狀飛羽的形成似乎都是關鍵因素。不過，在河北青龍縣發現的奇翼龍卻沒有羽毛，牠們更像蝙蝠，借助翼膜飛行，這是否説明了恐龍在飛行能力演化的早期階段，還有許多其他的飛行模式呢？一切有待於進一步的研究。

恐龍的「手指」是怎麼退化的？

我們還是別偷牛仔殭屍的雞了，要是被他發現可就麻煩了。

你只管跟着我，今天我保證讓你吃上雞！

只要有這個箱子在，就算被牛仔殭屍發現，我也有辦法吃到他的雞！

這裏面裝的甚麼呀？

雞賊殭屍，你又來偷我的雞！看我這次怎麼收拾你！

糟了！

你就這樣一個人跑了呀！

騎牛小鬼殭屍，真沒想到你也會跟他一起來偷我的雞！

看我怎麼收拾你！

我錯了！我錯了！以後再也不敢了！

住手！我們並不是要偷你的雞來吃，而是為了研究恐龍「手指」退化之謎！

研究甚麼？

最早恐龍的前肢有 5 趾，後來逐漸退化到 4 趾和 3 趾，最近古生物學家還發現了只有 2 趾的霸王龍和 1 趾的臨河爪龍。

你突然說這些幹嗎呀？

到目前為止，恐龍的「手指」是如何退化的還是未解之謎。

你研究的是恐龍，跟我的雞有甚麼關係呀？

大多數學者認為，鳥類就是恐龍的後裔，所以研究鳥類的翼指可能對解開恐龍「手指」退化之謎有幫助。

對對對，我們就是想研究鳥類的翼指才跑來觀察你的雞！

等等，鳥類有翼指嗎？

當然有，鳥類前肢的翼指有3根指骨，被皮膚和羽毛包裹着，一般人單靠肉眼很難辨別出來。

指骨

拇指骨

指骨

所以我們想把你的雞燉了，多放一點醬油來加深標本的顏色，這樣便於識別翼指！

說來說去你們還是想吃我的雞！

我真的是希望解開恐龍「手指」退化之謎，如果你不相信我，我願意把這頭牛送給你，讓你看一看偶蹄類動物的趾骨結構。

真的嗎！

那太好了，我待會兒就把牠燉了，好研究一下它的蹄趾！

那是我的牛！

為了解開恐龍「手指」退化之謎，我們必須要付出一點代價。

啊，救命啊！

就是現在，快點去偷雞呀！

原來你早就計劃好了呀！

救命啊——

你的計劃真是「完美無缺」……

較為原始的恐龍的前肢原有 5 趾，後來逐漸退化為 4 趾和 3 趾，到了白堊紀霸王龍已退化為 2 趾，最近科學家又發現了只有 1 趾的臨河爪龍。通常，四足動物的趾的退化都是從兩側第 1 和第 5 趾開始的，但科學家發現獵食性恐龍由於需要抓握獵物，牠們的第 1 趾得到了強化，第 4 和第 5 趾都退化了。恐龍「手指」的退化過程究竟是怎樣的，科學家仍在研究中。

恐龍是怎麼滅絕的？

你們快來呀，這裏一定很好玩！

解開謎題的人可以得到一顆恐龍蛋化石呢！

甚麼嘛，這不就是答對問題才可以從房間出去的無聊遊戲嗎？

答案都列出來了，我們選擇自己覺得正確的就好，畢竟恐龍滅絕的真正原因誰都不知道。

我們快點進去玩吧！

恐龍滅絕假說提示

小行星撞擊説
氣候驟變説
大氣變化説
⋯⋯

小朋友們，歡迎來到全息恐龍世界！

啊！

請小朋友們選擇扮演恐龍還是哺乳動物，我們馬上就要開始尋找恐龍滅絕的真相了！

哈哈，我要當恐龍！

那我來扮演哺乳動物。

恐龍是因為一顆小行星撞擊了地球才滅絕的！

說得好，小行星撞擊說是目前科學證據最多，最被廣泛接受的假說。

6600 萬年前，一顆直徑約為 10 公里的小行星撞向了地球，它釋放出巨大的威力，掀起遮天蔽日的灰塵，致使植物無法進行光合作用。恐龍因此失去了食物來源，從而走向滅絕。

啊，這也太真實了吧！

不對，我覺得地球氣候驟變才是恐龍滅絕的真正原因！

也有道理！曾有科學家提出距今約6000萬年前，地球曾受到宇宙粒子流「風暴」的衝擊，導致雲層增厚，氣溫迅速下降。

有人認為恐龍是因為難以忍受長時間的低溫，才走上滅絕之路的。

我怎麼感覺有點冷啊？

這只是全息影像，你也太入戲了吧。

不對，這裏真的變冷了！

你們是我用來驗證恐龍滅絕假說最完美的實驗品！

來人哪！快開門哪！

放我們出去！

只要找到恐龍滅絕的原因，馬上就放你們出去。

恐龍滅絕的原因是未解之謎，我們怎麼可能知道！

再說，我們已經把認為正確的原因都告訴你了呀！

不對，這兩種假說都存在漏洞。

簡單地說,這兩種假說所描述的都是全球性的災難,但為甚麼哺乳動物沒有跟隨恐龍一起滅絕呢?

對呀,我和堅果都受到了影響,沒有理由只有我滅絕呀!

一定還有其他假說更接近真相。

這位小朋友真是了不起,我都忍不住想給你一點提示了!

或許還原恐龍時代的大氣狀況,能讓你們「身臨其境」,更快地找到真相!

快看,好像有甚麼氣體排出來了!

恐龍生活的時代,大氣中二氧化碳的含量比現在要高得多,所以也有人猜測是二氧化碳的減少導致了恐龍的滅絕!

可吸入過多的二氧化碳對人體有害呀!

不行了，我好難受！

答案到底是甚麼呀？

對了！

是恐龍蛋！恐龍滅絕的原因就在恐龍蛋上！

甚麼？

我記得曾有古生物學家發現，白堊紀末期許多恐龍蛋都發生了病變，無法孵化出恐龍來，這也許是恐龍滅絕的內在原因。

想不到你小小年紀竟然知道我一直以來支持的假說！

雖然這個理論還沒有被廣泛認可，但這的確就是我準備好的答案。

剛才為了驗證各種假說的真實性，我做得太過分了，對不起。

沒關係，感謝你讓我們體驗了一次最緊張刺激的密室逃脫！

去拿你們的獎勵吧，這顆貨真價實的恐龍蛋化石是你們的了。

太棒了！

經過了這麼多磨難，我們終於拿到恐龍蛋化石了！

現在是哺乳動物稱霸的時期啦！

你還沒玩夠呀！

快下來！這樣操作是很危險的！

哈哈哈！這個遊戲太好玩了！

　　恐龍滅絕發生在距今 6600 萬年前，統治地球長達 1.6 億年之久的恐龍，在很短的時間之內突然從地球上消失，這成了地質歷史上最著名的未解之謎。除了較為流行的小行星撞擊說、氣候驟變說、大氣變化說以外，還發現白堊紀末期的恐龍蛋化石微量元素嚴重超標，導致恐龍蛋發生病變，無法孵化，這或許是恐龍滅絕的內在原因之一。

「挪威海怪」
究竟是
甚麼動物？

快回去吧，我聽說這附近有「挪威海怪」！

我就是專程來找「挪威海怪」的！

「挪威海怪」究竟是甚麼東西呀？

有人說是巨型章魚，有人說是生活在深海的大王烏賊，總之十分神祕。

我聽說這片海域曾出現過大王烏賊，我要是能捉到牠，弄清真相，一定會名垂青史！

牠不是生活在深海裏嗎？你要怎麼抓牠呀？

有了這台吊車和專業潛水器，我們一定能活捉大王烏賊！

這麼酷炫的機器你是從哪裏弄的呀？

我在網上買的，網店老板告訴我它的潛水性能極佳，因為這些都是百分之百的「水貨」！

「水貨」是潛水性能好的意思嗎？

一旦我吹起進攻的號角，你就準備出擊！

這也是你在網上買的？

待會你操控吊車放我下去，要是我發現大王烏賊就馬上用無線電通知你，你就把吊鈎放下去，將牠抓上來。

明白！

準備出發！

嗚

嗚

嘟一
哎

難聽死了！

撲通

你慢點呀！

我將下潛到陽光都無法照射到的地方——深海午夜區，下潛深度將超過 1000 米。

收到。

深海對於人類來說就像太空一樣神祕,這裏生活着很多人類尚未探明的生物。

前面有動靜,好像是大王烏賊來吃我們的餌料了!

沒想到這麼快就能見到大王烏賊,我們真是太幸運了!

救命啊!牠的觸手有7米長,我被牠抓住了!

你現在在哪兒?我要怎麼幫你呀?

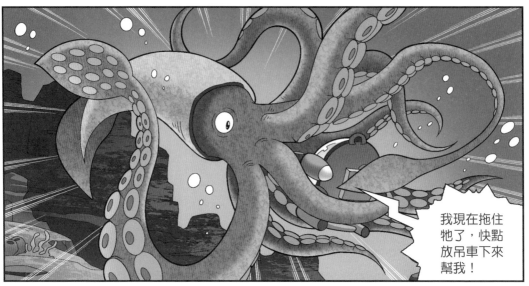

我現在拖住牠了,快點放吊車下來幫我!

海盜殭屍,撐住,我來了!

網購的東西進一點水就不能用了,這個能聯繫客服退貨嗎?

我是讓你把吊鈎放下來,誰讓你開着吊車下來了?

看來我們只能出擊了!

做好準備！

等等！你這麼做會激怒牠的！

沒禮貌的傢伙，你給我回來！

以你的音樂水平根本就不需要武器來防身。

別傷心了，至少你現在知道了大王烏賊跟人類一樣，都不喜歡你吹出來的噪音。

相傳在遙遠的海洋中生活着一種巨型海怪，牠長着長而有力的觸手，能輕鬆掀翻戰艦，由於牠神出鬼沒，人類一直無法弄清牠究竟是甚麼動物。有人認為牠是巨型章魚，腕上長着數以百計的碟狀吸盤，力大無窮；也有人認為牠是生活在深海的大王烏賊，腕長達 7 米，臂力也極大。由於牠們都生活在深海，很少見到，還有待我們找到更多的證據，才能揭開謎底。

鯨的祖先為何離開陸地到海洋生活？

衝浪殭屍，你在那裏幹甚麼呢？快點出來！

別打擾我，我正在為明天的游泳比賽做特訓！

明天我一定能戰勝浮潛殭屍拿到第一，誰也別想阻止我！

我很欣賞你的決心和毅力。

但是這裏是水族館，你要練上游泳館練去！

我就是特地來水族館練的！

我是專程來向鯨魚學習游泳的！大約在 5000 萬年前，鯨魚還是生活在陸地上的哺乳動物，如今卻成了海洋霸主。

鯨魚為了適應海洋，身體結構發生了很大的變化，你能做到嗎？

看來你很了解鯨魚呀！你知道牠們為甚麼離開陸地去海洋生活嗎？

有人猜測可能是因為海洋中競爭對手少，食物也比陸地上豐富。

那怎麼辦？我總不能在海裏待上幾千萬年，等着身體變成魚吧！

你要是真想贏得比賽，我可以教你一招。

但是你要答應我，千萬別說是我教你的。

各位觀眾，萬眾矚目的游泳決賽馬上就要開始了！

奇怪，衝浪殭屍怎麼還沒來？

他肯定是怕當眾輸給我，不敢來了。

你錯了，今天會輸的那個人是你！

你穿的是甚麼呀？

這是仿造鯨魚的身體結構製作的游泳衣。

你是不是瘋了？你以為變成鯨魚就能贏我嗎？

各就各位，預備——

開始！

跟鯨魚比游泳，你根本就沒有勝算！

衝浪殭屍怎麼游得這麼快？

鯨魚的身體呈流線型，在水中的阻力非常小。

可惡，不要小看殭屍！

氣泡？

沒錯！鯨魚會在獵物周圍吐出氣泡形成氣泡網，這樣視線受阻的獵物就會被困住。

你以為只有你會像鯨魚一樣游泳嗎？

可惡！

嘩 嘩 嘩 嘩

看誰更像鯨魚！

他竟然能像鯨魚一樣躍出水面？

你跳出來幹嗎？還有一圈呢！

嘿嘿，我先走了！

我把這事給忘了！

竟然有人以為自己是鯨魚，真是太可笑了。

你還好意思嘲笑我？

鯨是海洋哺乳動物，祖先是誰一直是個謎。絕大多數科學家認為鯨是由陸生哺乳動物中爪獸演化而來的，至於為何會從陸地走向海洋，至今沒有確切的答案。有觀點認為，當時淺海地區羣龍無首，而那裏食物豐富，鯨的祖先受到巨大誘惑走向了海洋；還有觀點認為，當時陸地上的哺乳動物種羣數量過剩，競爭激烈，鯨是迫於生活壓力才向海洋發展的。

獨角鯨的「角」是用來幹甚麼的？

醫生，木乃伊殭屍的病情怎麼樣了？

撞擊導致他的頭部受到了永久性的損傷，現在他的記憶出現了很嚴重的問題。

他已經不認得我了嗎？

他的腦部受到了強烈的撞擊，如果再次被重創，很可能會有生命危險。

比那更糟，他現在只認錢不認人。

他這個人向來如此。

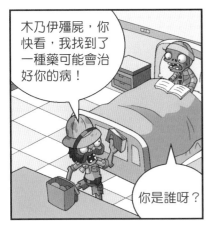

木乃伊殭屍，你快看，我找到了一種藥可能會治好你的病！

你是誰呀？

看來真不認識我了。你快看，這是獨角獸，傳說它的角可以治癒任何疾病，英國人還把它作為國徽的一部分。

白馬？

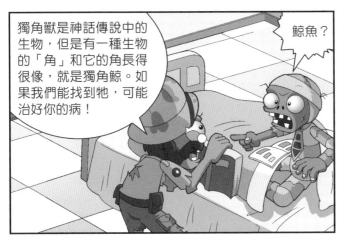

獨角獸是神話傳說中的生物，但是有一種生物的「角」和它的角長得很像，就是獨角鯨。如果我們能找到牠，可能治好你的病！

鯨魚？

我聽說獨角鯨的「角」在中世紀非常值錢，一隻「角」可以換其重量10倍的黃金。

還囉唆甚麼，我們現在就去找獨角鯨吧！

我看他是沒救了。

幾天後

我查過資料了，北冰洋附近有獨角鯨棲息。

你打算怎麼把牠們引出來呢？

獨角獸會被純潔的人吸引，我猜獨角鯨也一定喜歡純潔的人。

所以我帶來了我參加各種慈善活動的照片，獨角鯨看了一定會認為我是一個純潔的人！

這真能管用嗎？

快看，那不是獨角鯨嗎？

還真的管用了！

哈哈，一下來了這麼多，我們要發大財了！

獨角鯨是一種羣居動物，一個鯨羣大概有 5 至 20 頭獨角鯨！

這麼多角，我先取哪根好呢？

確切地說，那不是角，那是獨角鯨的牙！

啊，救命啊！

獨角鯨為甚麼長着那麼長的牙？

我也不知道，有人認為牠的長牙是用來獵食的，也有人認為是用來探測水溫的，說法很多。

這樣下去我們是逃不掉的。

你要幹甚麼呀？

我負責防禦獨角鯨進攻，你待會用這個給牠迎頭痛擊！

這行嗎？

木乃伊殭屍，我們趕快走吧，獨角鯨們就快追過來了！

嗯？

我身為愛心人士，絕不允許你傷害獨角鯨！

啊，你比獨角鯨還可怕！

不得不說獨角鯨的「角」療效顯著，他現在已經擺脫金錢的誘惑了。

可是他不肯回家呀！

獨角鯨是一種小型鯨魚，體長 4 至 5 米。雄性獨角鯨長有一根長達 2 至 3 米的長牙，這根長牙是用來幹甚麼的，說法不一。有人認為，獨角鯨的長牙表面沒有堅硬的琺瑯質，牙神經暴露在外，能敏銳地感知海水的溫度、氣壓等資訊，並以此判斷獵物的位置；還有人猜測，長牙是獨角鯨用來與同伴交流或者爭鬥的工具。

長頸鹿的脖子
為甚麼
這麼長？

博士，我們幹嗎要偷偷潛入野生動物園？

我們要抓一頭長頸鹿回去做研究，我想弄清楚牠的脖子為甚麼會長這麼長！

長頸鹿長出長脖子難道不就是為了吃到更高處的樹葉嗎？

所以這個說法有許多漏洞。我們抓一頭長頸鹿回去才能知道真相！

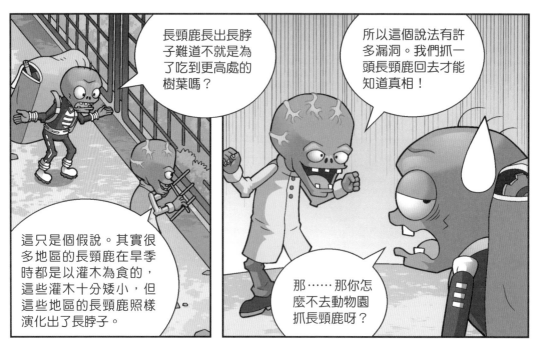

這只是個假說。其實很多地區的長頸鹿在旱季時都是以灌木為食的，這些灌木十分矮小，但這些地區的長頸鹿照樣演化出了長脖子。

那……那你怎麼不去動物園抓長頸鹿呀？

我曾經跟動物園的工作人員聯繫過，這件事還在協商中。

他們把你趕出來了吧？

那些事情已經過去了。現在我只要把最後一個零件安裝好，就可以憑這個偽裝神器接近長頸鹿了！

長頸鹿是一種非常機敏的動物，沒有偽裝的話我們很難靠近。

我的機械長頸鹿高5.3米，脖子和腿均長1.5米，跟成年長頸鹿幾乎一模一樣，還在牠身上噴了長頸鹿味道的香水。

我說牠身上怎麼有股怪味！

快點上來，讓我們一起去解開長頸鹿脖子的謎團吧！

好！

要是知道了長頸鹿脖子變長的原因，就可以用同樣的方法來培育鴨子！

原來你就是為了吃鴨脖呀！

咦，這不是長頸鹿嗎？

啊？發生了甚麼事呀？

牠在用長脖子攻擊我們！

在野外，雄性長頸鹿經常用脖子來打架，有人認為正是因為這種戰鬥頻繁上演，長頸鹿的脖子才愈來愈長！

啊！

完了，我的心血全毀了！

長頸鹿脖子長約 2 米，卻和人類一樣由 7 塊頸椎構成，這讓生物學家百思不得其解。有生物學家猜測，距今 1400 萬—1200 萬年前，地球處於非常乾旱的時期，長頸鹿為了獲得更多的食物，逐漸進化出長脖子。也有科學家認為長頸鹿的脖子是格鬥的武器，用來爭奪配偶的。生物演化的過程非常複雜，要揭開這個謎團還需要找到更多的化石證據。

為甚麼是雄海馬當媽媽？

堅果，我回來了。

哥哥，今天我為海馬保護組織捐款了！

我工作到現在，

你等我洗完澡再說吧。

海馬已經瀕臨滅絕了，你怎麼可以如此冷漠？

那你為海馬捐了多少錢呢？

我只捐了些用不上的東西，不但 1 分錢沒花，他們還給了我 30 元錢呢！

他們給你錢……

他們給我錢租車，海馬保護組織的車裝不下我捐的東西。

你把家具都捐了呀！

那麼可愛的海馬面臨着滅絕的危險，難道你要袖手旁觀嗎？

那你也不能把家裏的東西都捐出去呀！

我洗完澡就去把家具都要回來！

隨便！我現在就去海邊保護海馬，永遠也不回來了！

堅果！

謝謝你，堅果。多虧了你，我們才能買保護海馬的設備。

海馬不僅是一種珍貴的海洋生物，還是一種名貴的藥材，因此被人類大肆捕撈。有了這些設備就能提高海馬的繁殖率，避免滅絕的命運。

太好了，我現在就去保護海馬！

海馬媽媽快點過來，讓我來幫助你養育海馬寶寶吧！

堅果，請你不要這麼粗暴地對待懷孕的海馬。

而且那不是海馬媽媽，而是海馬爸爸。

甚麼？海馬爸爸會懷孕？

海馬是目前已知的唯一擁有雄性育兒行為的動物。你看，海馬爸爸的肚子上長有育兒袋，海馬寶寶獨立之前都待在裏面由爸爸撫養。

為甚麼是由海馬爸爸來當「媽媽」呀？

海馬生活在靠近陸地的淺海區域，長着管狀的嘴，頭部乍看起來像馬頭一樣，故而得名。為甚麼海馬是由雄性來孕育後代呢？最近的研究表明，控制海馬育兒袋的相關基因多數出現在雄性海馬體內，在雌性海馬體內出現的概率很小，這有可能就是雄性海馬長出育兒袋的原因。但究竟是甚麼原因導致了雌雄海馬在基因上有如此明顯的差異，目前還不得知。

遷徙的蝴蝶是怎麼辨別方向的？

歡迎大家出席我的蝴蝶標本收藏展，這裏的每一件標本可都價值連城喲！

特別是我手上的這個藍閃蝶的標本，它翅膀上的鱗片結構非常複雜，當光線照到它的翅膀上時，會折射出絢麗的色彩。

真的嗎？

為了讓大家更了解這些標本的價值，我專門請了一位蝴蝶專家來為大家講解。

我剛從野外觀察蝴蝶回來，標本在哪兒呢？

我們的專家因為要到野外觀察蝴蝶，所以很遺憾不能為大家講解了。

請你不要靠近我珍貴的蝴蝶標本，麻煩你洗個澡再來！

你手裏拿的只是一隻死蝴蝶而已，你根本就不知道飛舞在花叢間的蝴蝶有多偉大，就這點水平還好意思辦蝴蝶展覽！

你說甚麼！

別跟這個不懂蝴蝶的人浪費時間了，我帶你們去看活着的蝴蝶！

去看真蝴蝶嘍！

我不懂蝴蝶？我會不懂蝴蝶？

活着的蝴蝶真的比標本好看嗎？

稜鏡草，你能邀請我跟你一起去野外尋找蝴蝶，這讓我很欣慰。

但是你邀請我出來至少得經過我本人的同意吧！

少廢話！我今天一定要看看活着的蝴蝶到底哪裏偉大！

我們當地最常見的蝴蝶是帝王蝶，現在天氣轉涼，牠們應該向新的棲息地出發了。

那我們加快速度去追趕牠們！

帝王蝶遷徙到哪兒了呀？

為了躲避冬天的嚴寒，每年深秋季節，帝王蝶都會像大雁一樣遷徙到南方的山林裏過冬，這一趟遷徙之旅有3000多公里，途經沙漠、草原、森林和河谷。

帝王蝶的壽命才多長？怎麼可能完成那麼長距離的遷徙呢？

整個遷徙過程不是由一代完成的，帝王蝶會在中途產卵，自己死去後，下一代將會繼續遷徙旅程。

可惡，好像弄錯方向了！

你這方向感連蝴蝶都不如！

帝王蝶不但每年冬天要遷徙去南方，每年春天還會重返北方，這過程中要經歷四代帝王蝶，可牠們從未弄錯方向，如何做到的至今是個謎。

看來我們得下車爬山了。

你別想逃，跟我一起翻過這座山去找蝴蝶！

求求你放了我吧！

就算你翻過這座山，也不可能追上遷徙的蝴蝶。

為甚麼？

這⋯⋯

因為你沒法穿越海洋。

你說得對，蝴蝶是偉大的生物，只有活着的蝴蝶才是最珍貴的。

你能明白這個道理就好。

這個給你吧，我不再需要它了。

真的嗎？你真的願意把這個價值連城的藍閃蝶標本給我嗎？

藍閃蝶在陽光下可真漂亮啊！

你讓我在所有人面前出醜，我就讓你像蝴蝶一樣自己飛回家！

你拉我來這裏是為了報仇哇？

你要走的話就快點走，開這麼慢是甚麼意思？

嫌我慢的話就來追我呀。

?

　　帝王蝶是一種遷徙性蝴蝶，每年秋天都會向南遷徙，並於第二年春天向北回歸。牠們是如何辨別方向的，一直是科學家試圖解開的謎團。最近科學家發現，帝王蝶的觸鬚可以生成生物時鐘訊號，能夠校正太陽方位，這可能是牠們的導航工具。此外，科學家還推測牠們的遷徙地有一種植物會散發出特殊的氣味，這使一代又一代的帝王蝶不辭辛苦地往返兩地。

凍僵的木蛙能夠復甦嗎？

這隻木蛙全身都被凍僵了，幹嘛還要費盡心力用牠做實驗呢？

三天三夜沒合眼了，我們還是歇一歇吧。

等你們成為獨當一面的大科學家時再休息吧，現在必須繼續工作！

可是這隻木蛙都死了，還怎麼做實驗呢？

死了也不一定就無法復活呀！

復活？

動了！

真的復活了？這怎麼可能！

木蛙的肝臟可以製造出葡萄糖，可以避免血液結冰對內臟造成的損傷，所以木蛙在完全凍僵的狀態仍能存活。

您就是在研究這個嗎？

不僅如此，木蛙被凍住的時候，新陳代謝速率和耗氧量都會明顯降低，可能會老得慢一些。等牠復甦時仍能恢復凍僵前的樣貌和身體機能。

也就是說木蛙是「凍齡美人」嘍！

是的，而且我們也能做到！

我研究了這麼多年，終於製造出了這台冬眠機器。有了它，我就有機會以現在的樣子冬眠到未來世界了！

未來殭屍、噴射器舞者殭屍，我們未來再見！

殭屍博士想要冬眠到未來，我們就造出一個未來的假象給他看。

我們待會就叫醒他，假裝這裏是未來的世界，這樣他就任由我們擺佈了！

這個主意太棒了！

過了一會

我冬眠了多長時間？

您冬眠了近千年，我們家族世代守護着這個裝置等待您的甦醒。

沒錯，我是噴射器舞者殭屍的後代，我的祖先命令我們世代留在這裏。

我的機器成功了！你們快點幫我記錄下相關的實驗數據！我們有得忙了！

現在的科技能將實驗數據都冰凍起來，變成了「數據冰塊」。通過「傳輸吸管」這些數據可以直接輸送到大腦中。

真厲害！處理數據看起來就像喝飲料一樣簡單！

好的，我們現在就來幫助您。

看來科技讓人們的工作變得愈來愈輕鬆了。

他相信了！

呱呱呱！

咦，這不是我在千年以前用來做實驗的木蛙嗎？難道牠也冬眠了上千年？

這麼小的動物竟然也能存活千年以上，我們需要分析所有的實驗數據找到原因！

我馬上就進入夢中分析實驗數據！

好！只是你的那些數據都太陳舊了，所以你不應該睡在這裏。

你應該睡在寒冷的地方，一邊在夢中處理數據，一邊生成新的「數據冰塊」！

都是你出的餿主意，害得我被凍得渾身都結冰了！

你算不錯了，我已經把你身上結的冰塊都吃下去了！

兩棲動物體內沒有調節體溫的機制，過冬對牠們來說是一個難題，但木蛙不僅可以忍耐 -16℃ 的低溫，凍成冰塊後還能恢復原形。科學家發現，木蛙冬眠時體內的水分會結冰，但大都分佈在體腔、淋巴等不致命的地方，大腦和內臟保存完好，當氣溫回升，機體可以迅速恢復正常。木蛙如此強大的抗寒能力從何而來，人類至今也沒有研究明白。

螞蟻為何會種植真菌？

你在做老師分配的社會實踐嗎？

對呀，用不了多久我就能帶着自己種的植物去學校了！

這是你親手做的肥料嗎？

當然了，這是我用大豆和瓜果精心製作的，裏面含有豐富的氮元素！

你要嚐嚐嗎？

肥料也能吃嗎？

這是我為自己製作的零食「肥料」。

有你這麼種植物的嗎？

看！這些小螞蟻都比你勤勞！

可惡的螞蟻，隨便搬走人家辛苦種的植物！

那些只是雜草，再說你根本就沒有種任何植物！

不管,我要讓你們瞧瞧我的厲害!

你幹嗎突然躡手躡腳的?

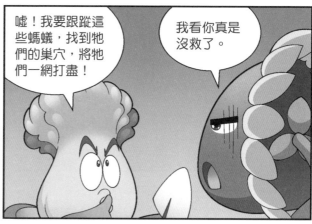

噓!我要跟蹤這些螞蟻,找到牠們的巢穴,將牠們一網打盡!

我看你真是沒救了。

過了一會

怎麼這麼大呀!

蟻穴可深達數米,容納成千上萬隻工蟻,裏面錯綜複雜,就像一個小王國。

我想這裏就是螞蟻的巢穴了。

蟻們有明確的分工，這些大的切葉蟻負責將雜草運回巢穴，較小的蟻則負責在家加工雜草。

可惡的螞蟻，竟然偷吃雜草，我一定要把它們奪回來！

其實牠們根本不吃這些雜草，而是用雜草來做真菌的糧食。

甚麼？你說這些螞蟻在餵養真菌？

是呀！螞蟻們不辭辛勞地將雜草運回來就是為了種植真菌，牠們還會分泌一種抗生素，避免真菌受病蟲害的侵襲。

螞蟻是怎麼學會種植真菌的呢？

有人認為螞蟻最初只是把真菌當作食物,後來慢慢學會種植它們,並只以它們為食,當然還有其他的假說。

這些螞蟻真了不起!

我要向螞蟻學習,回家努力照料我的植物!

這才對嘛!

第二天

參考螞蟻巢穴建的溫室完成了,還有空氣循環系統呢!

真菌會釋放大量的二氧化碳,螞蟻們就發明了這樣的空氣循環系統將二氧化碳排放出去,同時把新鮮空氣吸進來。

在這裏能感受到微風!

這樣比之前舒服多了!

你坐在那裏幹嗎?你不是要學螞蟻種植物嗎?

着甚麼急呀，邊吃邊種不就行了麼？

你到底跟螞蟻學會了甚麼呀？

我跟小螞蟻學會了分工。

你讓我去幫你種植物？

學甚麼螞蟻呀，反正我的社會實踐已經弄好了。

大約在 6000 萬—4000 萬年前，一些螞蟻進化出了種植真菌的能力，這些螞蟻是怎麼學會的，目前主要有兩種假説。取食起源説認為，螞蟻最初只把真菌作為普通的食物，後來才逐漸變成只以某種真菌為食，在尋找某種真菌的過程中學會了種植它。擴散起源説認為螞蟻一開始只是真菌孢子的攜帶者，在偶然之下把孢子帶到了洞穴裏，並慢慢學會了培育真菌。

鴿子究竟靠甚麼導航？

本次叢林穿越賽的規則非常簡單，第一支穿過這片叢林，並將卷軸帶到終點的隊伍獲勝！

兩隊可以借助輔助工具完成比賽，準備好了的話就來領取卷軸吧！

用那種落伍的東西就想贏得比賽嗎？

終點在正南方向，我們只要按照指南針的指示前進就可以了！

嗯？

開始掃描！

這是甚麼呀？

系統正在尋找最佳路徑。

我勸你們還是放棄吧，第一名是我的囊中之物了！

寒冰射手，帶上電池我們走！

電池這麼大呀！

今天午餐吃甚麼呀？

系統正在匹配最佳午餐方案。

他們有先進的裝備幫忙導航，我們該怎麼辦呢？

沒關係，我們手上還有張「王牌」！

系統正在匹配最佳乘涼地點。

快點走吧，要是被他們超過了可怎麼辦！

放心吧，這裏地形複雜，單憑指南針不可能比我們走得快。

快看！那不是迴旋鏢射手隊的卷軸嗎？

難道他們想利用鴿子將卷軸帶到終點？

快點追上去，不然我們就輸定了！

我必須得帶上電池，我的裝備堅持不了多久了！

鴿子的飛行速度可達每小時90多公里，我們追不上的！

我有一個好主意！

這本來是我準備慶祝勝利時發射的！

我追不上你，你也休想到達終點！

鴿子的眼睛受傷了，怎麼還在往正確的方向飛行？

鴿子能夠感受到地磁場，並且利用地磁場來辨別方向，所以你迷住牠的眼睛也無濟於事。

我有一個辦法能阻止鴿子，聽我說呀！

我的裝備電力要用完了，看來只能用最後的手段了。

我要讓附近的磁場紊亂，看你還拿甚麼導航！

系統正在啟動磁場！

沒用的，就算沒有地磁場，鴿子還可以把太陽當羅盤來判定方向。

鴿子還可以利用太陽導航？

有科學家曾提出過這樣的觀點，還有人提出鴿子嗅覺靈敏，可以靠嗅覺識別方向。

想不到一隻鴿子竟然能勝過我的高科技裝備。

我們快點走吧，你不是要拿冠軍嗎？

還走甚麼呀，鴿子說不定已經到終點了……

你說的鴿子正在那裏吃零食呢!

你用零食把牠吸引來了?

哈哈!鴿子的嗅覺靈敏,我就知道牠會被我們準備的食物吸引。

這個主意是我想到的!

快點把獎品給我,不然我就不還電池!

快點給他吧,我要我的電池呀!

鴿子究竟是靠甚麼來導航的,一直眾説紛紜。有人認為鴿子擁有精確的生物鐘,能夠準確判斷太陽的高度和家的方位,從而判斷自己所處的位置。還有人認為鴿子能夠感受地磁的方向和強弱,從而利用地磁導航。此外,還有觀點認為,鴿了是依靠嗅覺導航的。鴿子的導航系統非常複雜,還需要更多的研究才能解開謎團。

動物有「第六感」嗎？

下面請大家用熱烈的掌聲，歡迎堅果為我們朗讀他的獲獎作文。

堅果快點來吧。

好！

植物優秀作文展

我的作文題目是：難忘的一天。

今天我和哥哥一起去郊遊……

堅果小心！

72

啊！

我有一種不祥的預感。

7月 優秀作文展

我的第六感可準了！

我們的大腦中存在着具有預警作用的特殊區域，這個區域可以讓人產生「第六感」，從而預知危險！

可是現在是否存在「第六感」還是一個謎，我們對它的了解非常有限⋯⋯

報告廳

再說，今天要上台朗讀獲獎作文的人是我不是你呀！

我知道，所以為了避免你遇到危險，我做了充分的準備！

我找來了我最忠實的朋友！動物的「第六感」最靈敏了，牠們一定能幫你躲過危險的！

救命啊！

堅果，我有事找你幫忙，快跟我來一下！

甚麼事呀？

主持人向日葵今天生病來不了，

你臨時當一下主持人吧。

動物並沒有「第六感」，牠們只是感官比人類更敏銳，所以能夠感覺到人類感覺不到的變化而已。

不用主持人，我自己上去朗讀作文就行了。

我作文的題目是：燦爛的星空。

不好！

豌豆射手小心！

堅果你在幹嗎呀？

優秀作

其實……我想告訴大家，我就是這樣給豌豆射手提供寫作靈感的。

我也想寫一篇關於星空的作文，麻煩你輕點。

人和動物存在一種能夠感知到即將發生的事情的直覺，這種直覺被稱為「第六感」，不過它是否真的存在一直備受爭議。一些動物的確會在地震或海嘯發生之前有奇怪的反應，不過科學家指出這並非未卜先知，而是因為動物比人類有更靈敏的聽覺，能聽到音頻很低的聲音，率先感知到危險。而人類常說的「第六感」，可能是記憶偏差。

動物也會給自己治病嗎？

菜問，你知道嗎，野營最重要的就是帶上必要的裝備！

那也不至於帶這麼多東西吧？

包裹都是必需品，和我手上拿的水壺和平底鍋一樣重要！

平底鍋是這麼用的嗎？

人家害怕受傷嘛！

小動物受了傷都沒有你那麼嬌貴！

山羊受傷了？我們得快點幫牠治療！

別過去，你會嚇壞牠的！

那怎麼辦呀？總不能見死不救吧？

一些地方的山羊會利用山洞上的野蜂蜜治療自己的傷口，不用擔心！

動物懂得給自己治病？

這不算稀奇，猩猩會利用扁桃斑鳩菊殺死體內的寄生蟲，而熊一旦胃痛就會尋找菖蒲葉來治病呢！

可是這隻山羊是怎麼受傷的呢？

你現在知道山羊為甚麼會受傷了吧！

救命呀！

向日葵你說得都沒錯，這些東西的確能派上大用場！

那是我最喜歡的香水，快把它還給我！

你還敢過去，瘋了嗎？

別扔！那都是我用來驅趕蚊蟲的香水！

看！這附近有被咬過的檸檬！

太好了，這說明附近還有其他來野營的人！

往這邊跑，這裏有猴羣出沒！

你怎麼知道的？

吱
吱

野外的猴子會把檸檬汁和胡椒葉當作驅蟲劑塗在身上，因為這種東西十分難得，一旦找到牠們便會聚在一起分享。

原來如此！

我們勝利了！

雖然我們現在還不清楚動物們到底是怎麼學會治病防蟲的，但可以肯定的是這些小動物比我們想的更聰明！

向日葵，你受傷了，沒事吧？

我沒受傷啊，這不是我的血。

啊，我受傷了！快點叫救護車！

你的膽子居然這麼小……

我快不行了，現在我的眼前一片昏暗。

廢話，你在這裏躺了一天，天都黑了！

烏龜會用薄荷解除蛇毒，野兔會用馬蓮葉治病，長臂猿會用香樹葉包紮傷口，這些動物是怎麼學會給自己治病的呢？牠們是如何得知不同草藥的不同藥效的呢？人類對此尚不清楚。

「色盲」烏賊是如何變色的？

烏賊的體內含有數百萬個色素細胞，不但可以改變身體的顏色和圖案，還能以此來催眠牠的獵物！

烏賊是世界上最高明的偽裝者之一，牠是如何做到的至今是個謎。如果我能解開這個謎題，將會成為超級英雄！

到時我還可以像烏賊一樣催眠壞人，打擊犯罪！

落難的人哪，我即將把你們從牢籠中解救出來！

雙節棍武僧！是你把我的寵物鸚鵡放走的吧？

沒錯！因為牠需要我的幫助！

你的英雄夢該醒了，你根本就不是科學家！這個世界也不需要你的幫助！

等我破解了烏賊身上的謎團之後，你會被寫進我的傳記中，受眾人嘲笑！

我現在要去抓更多的烏賊來做實驗！

烏賊生活在大海裏，你一個人怎麼能找到？

誰說我是一個人去找了？

你甚麼意思呀？

你不會是要我跟你一起去大海裏找烏賊吧？

當然不是，我有個更好的去處！

烏賊喜歡在有珊瑚礁的海域捕食獵物，所以這裏一定有烏賊出沒！

可這裏是餐廳啊！

我知道，我上一次抓到烏賊就是在這裏！

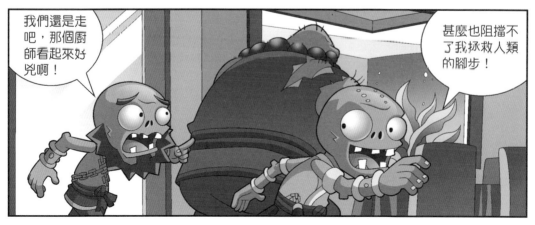

我們還是走吧，那個廚師看起來好兇啊！

甚麼也阻擋不了我拯救人類的腳步！

看！烏賊就在那裏！

還真的有活烏賊呀！

你們兩個！

叫你們來幫忙擦地，怎麼現在才來？

完了，被發現了！

唉！

好！我這就跟你去！

快去快回呀！

你跟我去處理烏賊，他留在大廳打掃！

你趕緊把烏賊抓出來，客人在催我們了！

雖然每天都接觸烏賊，但我到現在還是不敢相信這些會變色的小傢伙竟然是「色盲」。

甚麼？這些烏賊看不到顏色？那牠們為甚麼可以根據周圍的環境變換顏色呀？

烏賊具有強大的視覺系統，能夠處理複雜的視覺信息，因此能準確地根據環境變換顏色。

這些小傢伙可真了不起。

我點的菜怎麼還沒好？

我先去上菜，你快點把烏賊處理好！

我一直說要拯救別人，現在這隻烏賊就需要拯救，我卻一心想要拿牠做實驗。

錘子殭屍說得對，我不是科學家，解不開烏賊變色的謎團，但不代表我不能幫助烏賊！

從今天開始，我要為保護烏賊的事業奮鬥終生！

哈哈，我又幫助了別人，真開心！

我需要一個助手，我們一起去大海中保護烏賊吧！

你就不能保護一下我嗎？

烏賊體內僅含有一種對顏色敏感的蛋白，因此看到的世界都是黑白的。但是牠卻是世界上最會偽裝的動物，能根據不同的環境變換出豐富多彩的顏色和圖案，牠是如何做到的一直是個謎。有科學家認為，烏賊是靠分辨周圍環境的亮度和對比度來變色的；還有科學家認為，烏賊可以利用不同顏色光的波長來區分顏色。

甚麼「咒語」
能讓植物長出
蟲癭？

這種長在植物上的瘤狀物或突起叫蟲癭，它是由昆蟲誘發產生的。如果不及時處理會影響植物的生長！

你不用擔心，我是研究蟲癭的專家，我會用專業的工具幫你處理。

不用麻煩了。

放心吧，我這就將植物上的蟲癭取下來。

你怎麼又從實驗室跑出來了呢？

你的腦子又糊塗了，那不是蟲癭，那是彩燈！

放開我！你怎麼可以阻撓科學事業的發展呢！

蟲癭到底哪點值得你這麼忘我地研究呀？

我研究的是蟲癭的形成機制，這一點目前人類還不清楚。

對不起，導向薊，連着幾個月都在實驗室做實驗，我都累糊塗了。

昆蟲到底對植物說了甚麼「咒語」，竟然能讓植物按照牠們的意願長出適合幼蟲成長的「育嬰室」？

昆蟲不就是向植物注射了一種分泌物，讓植物長出類似腫瘤一樣的東西嗎？這有甚麼可稀奇的。

蟲癭和腫瘤不同，腫瘤沒有內部結構，而蟲癭有單室、多室、放射狀或花狀等結構，簡直就像昆蟲建造的「房子」一樣。

蟲癭的結構原來這麼複雜呀！

是的，如果破譯了昆蟲的「咒語」，說不定我們能讓植物長出人類想要的東西呢！

太棒了！

為了完成我的夢想，我要更加努力地工作！

你快歇一歇吧，身體最要緊。

昆蟲的「咒語」莫非是……

你發現甚麼了嗎？

你先回去吧，我要把這些關於蟲癭的資料再看一遍。

既然這樣，那我就留下來幫你吧。

快跟我走！我知道昆蟲的「咒語」了！

等等我！

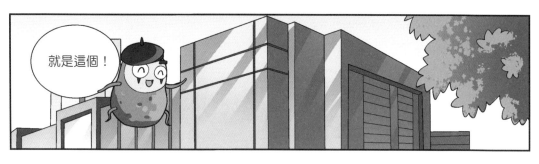

就是這個！

每當很多人說這句話的時候，聖誕樹上總是能長滿奇形怪狀的蟲癭！

聖誕快樂！

我看你應該研究一下自己的大腦了。

這下你該滿意了吧！

非常滿意！

蟲癭是自然界一種奇特的生物現象，它的形狀千奇百怪，有皰狀、袋狀、子彈狀、菱角狀等，有的表面還佈滿茸毛或小刺。蟲癭的形成機制目前仍不清楚，普遍認為是昆蟲通過產卵、取食或分泌化學物質刺激植物體而形成的，蟲癭是昆蟲吸收和儲存營養物質的「庫」，可能植物細胞也參與了蟲癭的形成。

植物為甚麼會「午睡」？

接下來我要造的東西非常危險。

由於我們沒有充足的糧食和燃料，所以我發明了一個利用光合作用來行動的攻城機器！

太好了，它能吃嗎？

光合作用可以利用光將自然界中的二氧化碳和水轉化成機械人所需的能量，只要這個機械人攻破植物城，我們就有吃的了！

太好了，有吃的啦！

跟他解釋簡直是對牛彈琴⋯⋯

我忘記了，植物遇到強光時，為了保護自己，會關閉部分氣孔，進入「午睡」狀態。

如果早知道植物會午睡的話，就不用這麼麻煩了。

我們終於可以佔領夢寐以求的植物鎮了！

植物要等到下午光照減弱時才會恢復光合作用，也就是說我們有足夠的時間佔領城鎮！

看來只有向日葵對花粉過敏，其他植物都是對城裏的空氣「過敏」。

難怪他們想把機械人推進城裏去，原來是要利用它淨化空氣呀！

哈哈哈，進攻進攻！

他們不是睡着了嗎？怎麼還有這麼強的戰鬥力？

他們可能是在夢遊！

科學家發現，在光照最強的中午，植物的光合作用速率反而降低，要持續約兩個小時的「午睡」。對於這一現象，科學家提出了許多假說。有人認為這是植物在長期進化過程中形成的一種抗旱本能，以防水分蒸發太快；還有人認為強光抑制了參與光合作用的蛋白活性，從而導致了光合作用速率的降低。

為甚麼有的植物會發光？

跟隨我的聲音前進，勇士！

你是誰？這裏是哪裏呀？

我將帶你領略一個全新的世界。

那是甚麼？

歡迎來到發光植物王國！

啊！

這是來自天堂的植物嗎？

這些只是生活在地球上的普通植物，它們因為吸收了土壤中的磷元素，所以才會發出光芒。

勇士，我將賜給你同樣的發光能力。

這是……

啊！

我要發光啦！

菜問一直都是這樣睡覺的嗎？

發光植物你別走！

你終於睡醒了，都已經放學了！

我夢到發光的植物了，它叫我去森林裏找它！

你睡糊塗了吧，哪兒有甚麼發光植物呀？

傳說中國貴州的「月亮樹」和井岡山的「燈籠樹」，以及非洲北部的「照明樹」都可以發光，只是這些植物並不常見。

只要有，我就一定要找到！

我要找到發光植物，完成夢中的約定。

好！既然你這麼堅決，今天晚上我陪你一起去！

我們現在就回去準備，今晚出發！

等我拍下菜問出醜的樣子給你看！

我還以為夜晚的森林有多可怕呢！

看來也不怎麼嚇人嘛！

你的手電筒這麼亮當然不嚇人了！

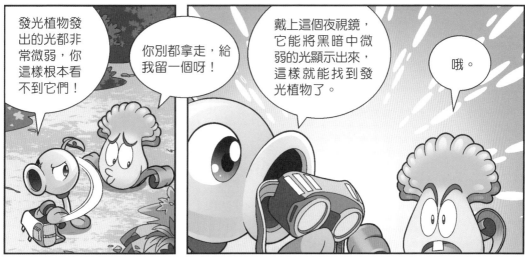

發光植物發出的光都非常微弱，你這樣根本看不到它們！

你別都拿走，給我留一個呀！

戴上這個夜視鏡，它能將黑暗中微弱的光顯示出來，這樣就能找到發光植物了。

哦。

豌豆射手，你在哪裏呀？我怎麼看不到你了？

啊！有狼——救命啊！

豌豆射手,你快來看!前面有發光的植物!

甚麼?你在哪兒啊?

這些蘑菇跟我在夢裏見到的發光植物一模一樣!

這是發光的菌類,它們是靠體內的熒光素和熒光酶來發光的。

這些蘑菇是在利用熒光吸引一些喜歡光的昆蟲為它們傳播孢子。我這裏發現了真正自然發光的植物!

明明跟其他植物共享一片土地,為甚麼只有這些植物會發光呢?

人們現在還不清楚為甚麼偏偏只有發光植物會吸收土壤中特定的發光元素。

豌豆射手,你那邊的發光植物漂亮嗎?

當然,我這邊的發光植物更明亮呢!

呀——狼的眼睛怎麼也會發光啊！

那並不是真的在發光，而是眼睛裏的晶狀體反射出來的光。

幸好帶了它。

自然界中有很多植物會發光，比如一些生長在海邊的仙人球，一些邊緣能發出白光的蘆薈，一種叫「夜皇后」的鬱金香……這些植物會發光可能和它們體內含有磷元素、氟化鈣等熒光物質有關。為甚麼偏偏只有這些植物能從土壤中吸收熒光物質，別的植物卻不能，這個問題至今沒有確切的答案。

植物的根部會發出信號嗎？

我才出去幾天，你就把實驗室改造得這麼帥氣了呀！

你旅行回來啦！

我為你準備了早餐，快點吃吧。

還為我準備早餐，沒想到你這麼想念我……

我沒跟你說話，我在跟我的植物說話呢。

這是你給植物準備的肥料？

你真是個怪人，沒事跟植物說甚麼話呀！

有研究表明植物能與外界進行交流。它們能通過葉子和根部釋放化學信號來「說話」！

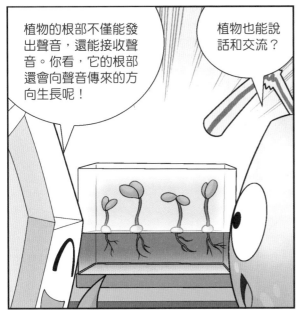

植物的根部不僅能發出聲音，還能接收聲音。你看，它的根部還會向聲音傳來的方向生長呢！

植物也能說話和交流？

莉莉，你不用搭理他，一會兒我們一起看電視。

你還給植物起名字了？

我受夠你這瘋子了，我要離開這裏，你自己好自為之吧！

你走吧！反正我有莉莉陪！

你放心，莉莉，我已經用最先進的設備捕捉到你發來的化學信號了，用不了多久我倆就能坐下來聊天了。

莉莉你別着急，我的程序馬上就能完成了。

可惡！竟然又失敗了！

雖然植物根部發出的聲音還沒有完全被解讀，但是葉片發出的化學信息可以通過這個軟件被翻譯出來。

我是不會放棄的，等着我的好消息吧，莉莉！

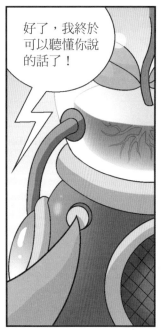

好了，我終於可以聽懂你說的話了！

你閒着沒事不會給我除蟲嗎？害得我天天被咬得嗷嗷叫！

你說甚麼？！

又讓我看電視又讓我聽音樂的，我早就受夠你這個瘋子了！

莉莉！我對你這麼好，你怎麼可以這麼說我！

還敢頂嘴！快把這個瘋子給我趕出去！

甚麼聲音？

嗡 嗡 嗡

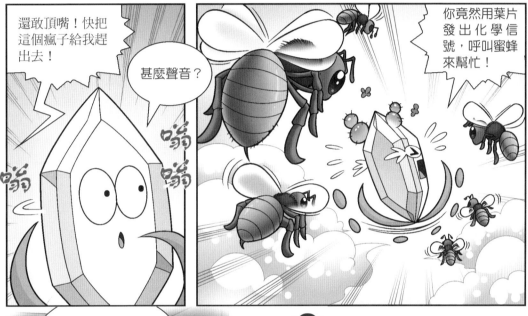

你竟然用葉片發出化學信號，呼叫蜜蜂來幫忙！

我買的新植物睡覺打呼嚕，我能搬過來跟你一起住嗎？

不行！

看似沉默不語的植物其實每時每刻都在「說話」，例如在柳樹林中，一棵柳樹一旦遭受害蟲的侵襲，它會迅速分泌出化學信號，通知周圍的柳樹分泌石炭鹼來毒死害蟲。還有一些植物可以發出特殊的化學信號，吸引害蟲的天敵來吃掉害蟲。不過，人類對植物與植物、昆蟲、外部環境間的交流過程仍不太清楚，還處於初步探索階段。

植物為甚麼會使用騙術？

出現在我們眼前的便是促使達爾文寫出《物種起源》的地方——加拉帕戈斯羣島！

這裏怎麼會有這麼多人哪？

因為島上的蘭花每年都會在這個時候開放，許多蘭花愛好者和科研人員都會來這裏採集蘭花。

怪不得會有人僱用我們來這裏採集蘭花的花粉和花蜜。

我們是「蘭花獵人」，如果稀有的蘭花品種被其他人採光了的話，會影響我們的聲譽！

可是島嶼這麼大，蘭花又那麼小，怎麼才能找到它們？

放心，我早就向殭屍博士借來了先進的儀器，現在專業的蘭花獵人都在使用它。

旁邊的船上也有一模一樣的機器！

蘭花偽裝的目的只有一個，就是吸引昆蟲為它傳粉，所以我們要從昆蟲的視角去尋找蘭花！

啊！

這就是所謂的昆蟲的視角……

別抱怨了，要趕在其他人之前找到稀有蘭花的花粉和花蜜！

除了擔心其他的蘭花獵人，還要提防蘭花的騙術。

不就是採花蜜嗎，我輕輕鬆鬆就能搞定！

真是無知。

奇怪，怎麼沒有花蜜？難道被吸光了嗎？

那種蘭花本身就沒有花蜜，實際上大約三分之一的蘭花是不產生花蜜和花油的，它們就是靠欺騙像你這種單純的昆蟲來幫它們傳粉的。

那邊的蘭花肯定有花蜜，我要先吃一點花蜜。

不要輕舉妄動，看來其他的蘭花獵人已經盯上我們了。

愚蠢的蘭花，你以為把花蜜藏起來我就吃不到了嗎？

不好，快點出來！

呀！這是甚麼呀？

那是飄脣蘭，它的身上有「機關」，一旦昆蟲碰到，花粉塊便會粘在昆蟲身上！

我們甩不開他們，該怎麼辦啊？

前面有蜂蘭，快躲到蜂蘭底下！

而變成蜜蜂的蘭花獵人很怕遇到真正的蜜蜂，所以他們看到有蜜蜂停留在蜂蘭上面會儘快飛走。

你知道的真多呀！

你在幹甚麼？快點藏起來呀！

蜂蘭是一種很像蜜蜂的蘭花，它能欺騙並且吸引其他蜜蜂來這裏為它傳粉。

蘭花到底是怎麼學會這麼多騙術的呀？

這是一個尚未解開的謎團。也許正是因為這個謎團，才會有人花重金找蘭花獵人尋找稀有的蘭花。

對了，變成蜜蜂的蘭花獵人為甚麼害怕真正的蜜蜂啊？

真正的蜜蜂很有可能把變成蜜蜂的蘭花獵人當成同類，要是穿幫就糟了。

原來如此，等我變回去之後一定第一時間去救你。

?

蜂巢裏一定有很多稀有蘭花的花蜜和花粉，記得多採一些出來呀！

海盜殭屍你快來救我！

他不僅在加拉帕戈斯羣島上收穫了稀有的蘭花花粉和花蜜，還收穫了屬於自己的友誼。

你給我閉嘴！

全世界大約有三分之一的蘭花不會分泌花蜜，為了讓昆蟲為自己授粉，蘭花會施展各種「騙術」。有的蘭花會向昆蟲展示假的花蜜和花粉；有的會模擬其他有花蜜和花粉的植物的樣子；有的會偽裝成雌性昆蟲吸引雄性昆蟲；有的會擬態成昆蟲的巢穴⋯⋯蘭花是如何學會這些「騙術」的呢？這個問題至今是生物學界的一個謎。

植物發電能夠成為新能源嗎？

最新情報顯示，殭屍們正在用植物發電取代火力發電。

植物作戰總部

植物通過光合作用能產生許多有機物，這些有機物通過根系進入土壤後，能產生大量的電子，殭屍捕獲到這些電子後，利用專門的設備就能將其變成電流。

這不可能。

就憑殭屍博士？他的發明甚麼時候成功過呀？

我們找到殭屍們的電費清單了，他們的電費的確在急劇減少。

電力是重要的能源，如果我們能夠得到這種植物發電技術，不僅有利於環境，還將省下一大筆開支。

所以我們要像特工一樣潛入殭屍總部，將植物發電的核心技術拿到手嗎？

沒錯，稜鏡草特工，你我將用這些裝備潛入殭屍總部，獲取核心技術！

這也太寒酸了吧！

我們的主要經費都花在電費上了。

看來我們的確很需要植物發電技術。

快看！植物生長時，多餘的糖分會被土壤中的微生物分解成質子和電子，從而形成電流，殭屍博士竟然能夠對此加以利用！

這是磁力鎖，電力產生的磁能讓這扇門堅如磐石，殭屍們的科技真是太發達了！

還愣着幹甚麼，快點走呀！

你是怎麼打開這扇磁力鎖電子門的？

我把殭屍城堡的電閘破壞了！

還是你有辦法。

小心！不要被殭屍們發現！

放心吧，這裏的防禦系統都因電力不足而癱瘓了。

發現入侵者！立即清除！

怎麼回事？電源不是被切斷了嗎？

番薯中的酸性物質可以將兩個金屬電極上的電子從一側轉移到另一側，產生足以供小車移動的電流！

殭屍博士還真有兩下子呀！

發現入侵者！

這些探射燈也是利用相同的原理製作的嗎？

對！

噓！

有人潛入基地了，不會是植物們知道發電的祕密了吧？

也許是守衛們發現了老鼠。再說那個祕密被嚴密地保存在我的實驗……

走，去殭屍博士的實驗室！

等等我！

我想這裏就是殭屍博士的實驗室了吧。

看樣子他正在做關於葉綠體的研究。

葉綠體是甚麼呀？

葉綠體是植物進行光合作用的細胞器，科學家曾觀測到，它能將光能轉換成電能，形成電流。

也就是說這些葉綠體可以發電嘍！

是呀，一棵成年大樹發出的電量相當於一座小型太陽能發電站所發出的。

這些電纜是通到哪裏的呀？

我們進去看看就知道了，說不定真正的祕密就藏在電纜的盡頭！

這裏好像是一個發電室。

這不是我們的發電室嗎？

可惡的殭屍！原來一直都在偷我們的電！

對不起！我錯了，我不應該偷用你們的無線網。

甚麼？你還用我們的網？

植物發電的原理多種多樣，有的可以通過葉綠體將光能轉換成電能；有的是光合作用產生的有機物，被周邊土壤吸收分解，釋放出質子和電子，進而形成電流。不管是何種原理，不可否認植物發電的方式環保而清潔。不過植物發電在技術上還有許多亟待攻破的難關，比如電流微弱、收集難度大，等等，它能否成為新能源還有待考證。

花是怎麼來到世界上的？

啊！一切的峯頂，歸於沉靜；

一切的樹尖，感不到一絲風拂，林中的鳥兒俱寂；很快，你也將得到安寧！

這是歌德的詩歌《浪遊者的夜歌》嗎？

是呀，歌德是我的偶像，他的詩歌指引着我的人生！

我也很喜歡歌德的作品。

但是 —— 就算再怎麼喜歡，也應該先把手頭的工作做完吧！

像我這樣充滿熱情和才華的詩人竟然要做這種工作！

如果我們能找到完整的開花植物的化石，可能解開花植物的起源之謎，這是一項非常偉大的工作。

花是人類藝術創作的源泉，能夠揭示花的起源當然最好了。

歌德也一定曾為美麗的花朵所陶醉，不然怎麼會創作出《野薔薇》這首詩呢？

歌德所持的是「葉理論」，他認為花是變態的葉子，或者是極度縮短的、變態的枝條。

不要再附庸風雅啦，快點把工作幹完回去睡覺！

可惡！我一定要找到花的化石讓你瞧一瞧！

等一等，我好像鑽到甚麼東西了！

你有甚麼發現嗎？

這些斷層可能是白堊紀早期形成的，迄今發現的最早的開花植物——遼寧古果就出現在這一時期！

沒錯！一點都沒錯！

開花植物在這之後迅速進化出豐富多彩的種類，不過科學家們至今也沒有弄清第一朵花出現在何時何地。

今天我們有可能要解開這個令人討厭的謎了！花的祖先到底長甚麼樣，馬上就要揭曉了！

這是甚麼？

被子植物又被稱為開花植物，它不但演化出了美麗的花朵，還進化出了果實。由於缺乏足夠的化石證據，科學家到現在都沒有弄清被子植物的祖先是誰，第一朵花是何時何地出現在地球上的，這個問題還被著名的生物學家達爾文稱為「令人討厭之謎」。迄今為止，人類發現的最早的有明確證據的花是距今1.25億年前早白堊世的遼寧古果。

自然界中的
生物謎團

恐龍能復活嗎

距今 6600 萬年前，統治了地球 1.6 億年的恐龍集體消失了，這成為地球生物演化史上的一個謎團。為了弄清恐龍滅絕的原因，許多人走向復活恐龍的探索之路。

說到復活恐龍，不得不說 DNA。DNA 能和蛋白質結合形成染色體，染色體會給生物編碼，就像電腦編寫程式一樣，所以有人提出只要獲得了恐龍的 DNA，就能復活恐龍。在電影《侏羅紀公園》裏，科學家通過保存在琥珀裏的一滴遠古蚊子的血液，提取了恐龍的 DNA，並且成功地復活了恐龍。那麼現實是否真的像電影裏演的那樣呢？答案是不一定，目前復活恐龍還存在着兩個難關。

難關一：我們沒有恐龍的 DNA。電影《侏羅紀公園》裏的場景在現實中很難實現。2013 年，一位研究者嘗試從保存在柯巴脂（一種現代的自然樹脂，形成時間比較短，少於 300 萬年）內的蜜蜂身上提取 DNA，結果沒有成功，所以在琥珀中找恐龍 DNA 的辦法目前來說並不可取。一部分科學家把目光投向了恐龍骨頭，他們從恐龍的骨骼化石中提取了一些未知的 DNA 片段，但是這些 DNA 到底是屬於恐龍本身，還是屬於附着在恐龍骨架上的其他生命 —— 比如現生的微生物 —— 答案仍在討論中。

難關二：DNA 的變異。退一步說，假如我們真的從恐龍骨骼化石中成功地提取了恐龍的 DNA，要憑藉甚麼手段或方法去重建恐龍的基因序列呢？這是一個現實而嚴峻的問題。而且，即使我們重建了恐龍的基因序列，我們用甚麼生物來做恐龍的「代孕媽媽」呢？目前的生物複製技術並不完善，假如我們用鱷魚來做恐龍的「代孕媽媽」，在雌性鱷魚孕育恐龍的過程中，恐龍基因隨時有可能發生變異，複製的結果很可能是一個既非恐龍也非鱷魚的「怪物」。

？ 「尼斯湖水怪」真的存在嗎

尼斯湖位於蘇格蘭高原北部，它是英國第三大淡水湖，不過讓它聞名於世的還是「尼斯湖水怪」。關於尼斯湖水怪

的傳聞，最早出現在公元 6 世紀左右，傳說尼斯湖中有一頭巨大的怪物，長着大象那樣的鼻子，牠一出現就會掀起層層巨浪，經常打翻湖上的小船，襲擊人畜。後來，愈來愈多的人聲稱看到了尼斯湖水怪，一傳十，十傳百，尼斯湖有水怪的傳聞人盡皆知。

　　1934 年，一位來自倫敦的醫生在尼斯湖拍下了一組照片，照片中一個長着長脖子和扁腦袋的大型動物浮游在水中，牠很像早已消失的蛇頸龍，很快尼斯湖水怪是蛇頸龍的新聞不脛而走。但是多年之後，這位醫生承認，這些水怪的照片是他偽造的。20 世紀 70 年代，美國科學家加入尋找尼斯湖水怪的行列，他們運用先進的聲吶設備在水下探測到了一個巨大的移動的物體，疑似水怪。英美兩國的科學家聯起手來，在尼斯

湖上架起了一張巨大的網，企圖將水怪一舉捕獲，遺憾的是一無所獲，隨後有人猜測聲吶設備在湖中發現的巨大物體不過是古代的松樹。尼斯湖水怪的真實性再次遭到質疑。

我們不禁產生疑問，如果真的存在水怪，在科學較為發達的現代，在一個面積不大的湖中尋找牠是一件很難的事嗎？答案的確是很難。因為尼斯湖不同於其他的淡水湖，它含有大量的泥炭，泥炭的存在使湖水能見度降低。除此之外，尼斯湖很深，湖底地形非常複雜，若真有水怪潛伏在其中，很難被發現。尼斯湖還連着大海，水怪可以隨時離開這片水域。因此，尼斯湖中到底有沒有水怪至今是個謎。

？ 海豚為甚麼要救人

在許多報道和電影裏，我們能看到海豚救人的故事，如保護被大白鯊襲擊的男子，救助被鯊魚追逐的孕婦，托起遇溺的兒童……因此海豚被稱為「海上救生員」。海豚為甚麼對人類如此親近，並頻頻施以援手呢？對於海豚樂於助人的行為，目前主要有兩種推測：

第一種觀點認為，海豚具有保護幼兒的天性，把人當成了牠的幼兒。海豚是生活在海洋中的哺乳動物，用肺呼吸，因此每隔一段時間就需要浮出水面。當牠們的孩子出生後，

海豚媽媽也會把幼兒推到海面上幫助牠呼吸，重覆如此，直到海豚幼兒能獨自浮出水面呼吸。可能遇溺的人類激發了海豚內心保護幼兒的天性，所以牠們會像推自己的幼兒一樣將人類推到海面，幫助人類呼吸。第二種觀點認為，海豚喜歡玩耍，尤其喜歡把漂浮在牠面前的東西推來推去，牠可能把掉進海裏的人當成了自己的玩具。

不過，這兩種解釋目前都存在漏洞。首先，人類和海豚的差異很大，面對人類，海豚真的會誤以為是自己的幼兒，產生母愛嗎？其次，如果海豚是把遇溺的人類當作玩具，那麼牠不僅僅會將玩具往海面上推，還會往海裏拉，但牠們一直在做的是往海面上推，明顯在救助人類。這些都需要更多的科學考證。

動物為甚麼會「記仇」

記仇似乎是人類獨有的行為，但其實動物也會記仇，而且為了報仇甚至還會麻痹敵人，拖延時間，「君子報仇，十年不晚」這種事情動物也會做。

烏鴉是智商最高的鳥類之一，不僅會使用工具，而且記憶力極強。有研究表明：烏鴉不但記仇，還會把仇恨傳遞給下一代。生物學家為了驗證這一點，曾戴上顯得凶神惡煞的面罩在西雅圖誘捕烏鴉，結果五年後，他們發現該地區的烏鴉仍然對戴類似面具的人充滿敵意，並對其進行報復。

在許多人眼裏，大象是一種温柔的動物，其實牠也非常記仇。動物園裏的飼養員如果不小心惹惱了牠，之後，只要一見到這個人，大象就會發脾氣，甚至攻擊對方，這種仇恨據說會持續很多年，飼養員可能一輩子都得不到原諒。有人猜測，這可能跟大象記憶力超羣有關，大象是羣居動物，記住誰對牠好、誰傷害過牠是非常重要的事情，否則很難生存下去。

動物為甚麼會記仇？這種記仇心理又是如何產生的？雖然目前科學家們了解得還不夠深入，不管怎樣，我們都要記住不要隨意傷害動物，不僅因為牠們可能會記仇，還因為牠們是我們人類的朋友！

植物為甚麼會有「記憶」

向下生長的樹根在碰到障礙時會「繞路」，向日葵會追尋太陽的軌跡，捕蠅草的感覺毛被觸動後葉片會立刻閉合，開花植物總是在特定的季節開花……植物這些與生俱來的習慣是怎麼發展而來的呢？有研究認為是因為它們擁有「記憶」。

澳洲的一名生物學家以含羞草為對象，做了一系列和植物「記憶」相關的實驗。含羞草是一種非常敏感的植物，一旦觸碰到它，它會立馬閉合自己的葉子。在實驗中，研究人員將 56 盆含羞草放在滑道上依次往下降，每盆含羞草都要經歷 60 次的實驗。最開始，含羞草往下降時，因為感受

到外界的刺激都合上了葉子，重覆幾次後，合上葉子的含羞草愈來愈少。在實驗快結束時，這些含羞草在下降過程中，竟然都不再閉合葉子了，研究人員認為這些含羞草擁有「記憶」。儘管植物不具備大腦，但它們擁有一個複雜的信號網絡，可以通過細胞、生理和環境狀態相互溝通。不過「植物是否擁有記憶」的觀點並不被科學界廣泛接受，認為這一觀點混淆了植物和動物間的界限。關於這個問題，恐怕還需要進行更多、更深入的科學研究。

植物也愛聽音樂

眾所周知，植物的生長離不開空氣、水、太陽、土壤，但是最近有研究人員提出，音樂也會影響植物的生長，如果經常給植物「聽」音樂，它們會長得更好。

　　據說有人對黑藻做過類似的實驗，實驗者把黑藻分為兩組，在其他條件不變的情況下，一組每天早晨給黑藻播放25分鐘的音樂，另一組不播放。過了10天後，實驗者發現「聽」過音樂的黑藻繁殖得比未「聽」過的黑藻茂盛。

　　事實真的如此嗎？許多人對這些實驗的嚴謹性和真實性提出質疑。一些科學家提出，植物愛「聽」音樂，只是因為音樂是一種有節奏的聲波，振動能對植物的細胞產生一種機械刺激，使植物細胞內的養分在受到震盪後加速分解，從而加快了植物吸收營養的速度；另一些科學家認為聲波是一種能量，可以促進植物組織對養分的運輸速度，加快植物生長；還有科學家認為聲波是一種彈性機械波，在傳播的過程中會產生力學、化學、熱學效應，從而促進植物內部物質的轉化，有利植物生長。到目前為止，還沒有解釋植物為甚麼愛聽音樂這個問題一致而確切的答案。

責任編輯：華　田

裝幀設計：龐雅美　鄧佩儀

排　版：楊舜君

印　務：劉漢舉

植物大戰殭屍 2 之未解之謎漫畫 04
—— 動植物未解之謎

□
編繪
笑江南

□
出版
中華教育
香港北角英皇道 499 號北角工業大廈一樓 B
電話：(852) 2137 2338　傳真：(852) 2713 8202
電子郵件：info@chunghwabook.com.hk
網址：http://www.chunghwabook.com.hk

□
發行
香港聯合書刊物流有限公司
香港新界荃灣德士古道 220-248 號
荃灣工業中心 16 樓
電話：(852) 2150 2100　傳真：(852) 2407 3062
電子郵件：info@suplogistics.com.hk

□
印刷
美雅印刷製本有限公司
香港觀塘榮業街 6 號 海濱工業大廈 4 樓 A 室

□
版次
2022 年 11 月第 1 版第 1 次印刷
© 2022 中華教育

□
規格
16 開（230 mm×170 mm）

□
ISBN：978-988-8808-77-9

植物大戰殭屍 2 · 未解之謎漫畫系列
文字及圖畫版權 © 笑江南
由中國少年兒童新聞出版總社在中國首次出版　所有權利保留
香港及澳門地區繁體版由中國少年兒童新聞出版總社授權中華書局出版